编 委 会

前　言

我国幅员辽阔，由于受复杂的自然地理环境和气候条件的影响，一直是世界上自然灾害非常严重的国家之一，灾害种类多、分布地域广、发生频次高、造成损失重。同时，我国各类事故隐患和安全风险交织叠加。在我国经济社会快速发展的同时，事故灾难等突发事件给人们的生命财产带来巨大损失。

党的十八大以来，以习近平同志为核心的党中央高度重视应急管理工作，习近平总书记对应急管理工作作出了一系列重要指示，为做好新时代公共安全与应急管理工作提供了行动指南。2018 年 3 月，第十三届全国人民代表大会第一次会议批准的国务院机构改革方案提出组建中华人民共和国应急管理部。2019 年 11 月，习近平总书记在中央政治局第十九次集体学习时强调，要着力做好重特大突发事件应对准备工作。既要有防范风险的先手，也要有应对和化解风险挑战的高招；既要打好防范和抵御风险的有准备之战，也要打好化险为夷、转危为机的战略主动战。因此，做好安全应急避险科普工作，既是一项迫切的工作，又是一项长期的任务。

面向全民普及安全应急避险和自护自救等知识，强化安全意识，提升安全素质，切实提高公众应对突发事件的应急避险能力，是全社会的责任。为此，中国安全生产科学研究院组织相关专家策划编写了《全民应急避险科普丛书》(共 12 分册)，这套丛书坚持实际、实用、实效的原则，内容通俗易懂、形式生动活泼，具有针对性和实用性，力求成为全民安全应急避险的“科学指南”。

我们坚信，通过全社会的共同努力和通力配合，向全民宣传普及安全应急避险知识和应对突发事件的科学有效方法，系统认知自然灾害和安全生产事故过程，全民的应急意识和避险能力必将逐步提升，人民的生命财产安全必将得到有效保护，人民群众的获得感、幸福感、安全感必将不断增强。

由于编者能力和水平所限，书中难免有不当之处，恳请广大读者给予批评指正。

编者

2020 年 8 月

目 录

Mulu

一、煤矿事故现状分析

二、煤矿安全应急常识

三、煤矿事故应急避险

四、典型案例

一、煤矿事故现状分析

Meikuang Shigu Xianzhuang Fenxi

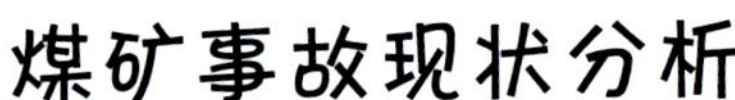

煤矿事故现状分析

1. 我国煤矿事故总体情况
2. 我国煤矿事故原因分析

1. 我国煤矿事故总体情况

近年来，我国煤矿安全生产形势持续稳定好转，在连续多年事故总量大幅下降的情况下，2020 年全国煤炭行业生产安全事故起数和死亡人数、重特大事故起数和死亡人数均为历史最低。2020 年，全国共发生煤矿事故 122 起，死亡 225 人，同比下降 28.2% 和 28.8%，百万吨死亡率为 0.058，下降 30.1%。

2016—2020 年，全国煤矿安全生产形势持续稳定向好，完成了“十三五”规划各项任务目标。2020 年与 2015 年相比，煤炭产量稳中有升；煤炭产业结构不断优化，淘汰退出煤矿 5 464 处、产能 9.4 亿吨；

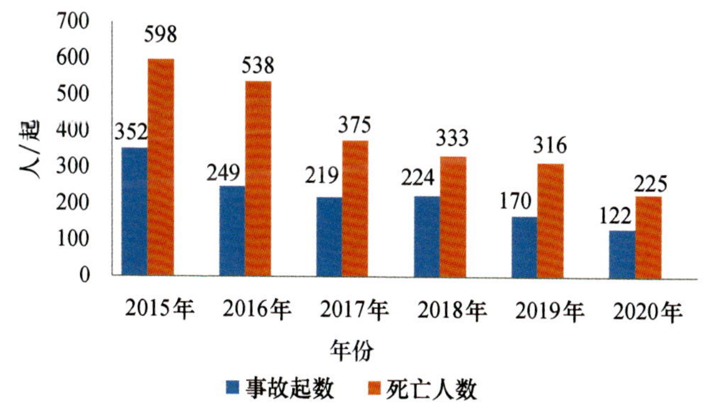

2015—2020 年全国煤矿事故起数及死亡人数

煤矿事故起数和死亡人数分别下降65.3%和62.4%，重特大事故起数下降40%，煤矿百万吨死亡率下降64.2%。

2. 我国煤矿事故原因分析

进入 21 世纪，我国煤矿安全生产形势持续稳定好转，但还面临着一些新情况、新问题，生产安全事故仍然处于高发态势，特别是重、特大事故尚未得到有效遏制，给人民群众生命财产造成了严重损失，影响极为恶劣。探究近些年发生的煤矿事故根源，对于搞好煤矿企业安全生产工作意义重大。

影响我国煤矿安全生产的主要因素既有客观因素又有主观因素。

（1）客观因素分析

1）煤层赋存条件差，瓦斯灾害严重

我国煤层自然赋存条件复杂多变，影响煤矿安全生产的因素多，是造成事故的客观因素。我国煤矿开采的煤层大多属于石炭二叠纪的煤层，其瓦斯含量大、透气性低，地质构造复杂，不宜在开采前抽放瓦斯。采掘时，瓦斯放散量大，再加上开采煤层地质条件复杂和开采规模的扩大、开采集约化程度的提高，导致采动诱发的应力场、煤岩体裂隙场及瓦斯流动场更加复杂多变，在一定条件下容易诱发煤与瓦斯突出和瓦斯的突然涌出，造成瓦斯事故。

我国的煤矿大多为瓦斯矿，且高瓦斯矿井和煤与瓦斯突出矿井占 48%，突出灾害的发生次数为世界之最。突出的规模为几百吨、几千吨，甚至超过万吨，需要解决的技术难题多。在目前的能源供应条件下，对高瓦斯矿井和突出矿井，不可能采取停产关闭的措施。为此，只能将自主开发与配套的安全技术相结合，以确保高瓦斯矿井和突出矿井的安全生产。

2）地下水防治难度增大

近年来，随着煤矿开采深度不断加深、井巷工程的掘进速度加快，煤矿开采方式、开采深度和工作面开采空间尺度的变化，水害产生的条件、威胁的程度以及形成的机理发生了较大变化，均给井下突水的水源、导水通道和补给强度的分析造成很大困难，从而增加了水害治理的难度。

（2）主观因素分析

1）煤矿基础薄弱

现阶段，我国煤矿基础薄弱，安全技术装备不足是客观存在的事实。过去，我国大部分煤矿矿井已使用了几十年，甚至上百年，在建井初期，矿井的生产系统还是比较好的，但随着开采深度加深、范围延伸扩展，原有的矿井生产系统难以适应要求。由于煤矿生产长期以来安全投入少、装备差，因此抗灾能力较差，一旦发生事故往往就是大事故。近年来，随着国家对煤矿安全的重视和投入，矿井安全装备有了很大的改善和提高，但还有许多矿井的安全设施达不到要求，这也是当前存在的安全隐患。为此，应进一步加大煤矿安全的投入，改善煤矿安全生产状况。

2）专业人才相对缺乏

由于煤矿井下作业环境恶劣、劳动强度大、工作时间较长，因此造成了人才大量流失。其导致的结果是，一方面安全技术装备不足，另一方面已有的安全技术装备由于缺乏高水平的人才而不能发挥应有的作用。

3）安全培训教育未能落实到位

由于煤矿是高危行业，加之煤炭生产过程中的不确定因素多，因此安全培训教育工作至关重要。有些煤矿企业忽视安全培训教育工作，导致下井人员缺乏应有的技术培训、安全知识缺乏、应急技能水平低下，一旦出现生产安全事故，损失将会极其惨重。

4）安全管理缺陷

安全管理的重要前提是安全技术及装备的保障，在此基础上，还与企业自身管理方式和管理观念息息相关。我国的煤矿企业安全生产存在管理体制不健全、安全检查制度没有真正落实、缺乏预防和控制事故发生的安全培训、企业基层领导安全管理观念淡薄、对安全投入与生产效益的关系认识欠缺、不能及时发现和彻底消除事故隐患、对工作流程缺乏具体的指导、职工无视规章制度等问题，导致“三违”（违章指挥、违规作业、违反劳动纪律）现象时有发生。企业安全文化建设作为安全“软管理”，一直被企业领导人忽视，没有发挥出其应有的作用。

二、煤矿安全应急常识

Meikuang Anquan Yingji Changshi

煤矿安全应急常识

1. 煤矿常见事故类型
2. 安全避险的基本技能
3. 煤矿常用个体防护装备
4. 自救与互救常识

1. 煤矿常见事故类型

（1）瓦斯、煤尘爆炸事故

瓦斯的主要成分是烷烃，其中甲烷占绝大多数，另有少量的乙烷、丙烷和丁烷，此外还含有硫化氢、二氧化碳、氮气和水，以及微量的惰性气体，如氦和氩等。瓦斯是一种无色、无味的气体，其相对密度为 0.554，比空气轻，在风速低的情况下，会积聚在巷道顶部、顶板垮落和上山迎头等处。井下任何地点都有可能发生瓦斯爆炸，但大部分发生在采掘工作面。瓦斯爆炸必须同时具备 3 个条件：瓦斯浓度 5%~16%、有点火源、氧气浓度大于 12%。

煤是可燃性物质，绝大多数煤尘本身具有爆炸性，同时具备以下 4 个条件就可能发生爆炸：①煤尘自身要具有爆炸性且呈悬浮状态。②悬浮煤尘的浓度达到一定值（45~2 000 g/m^3）。③有点燃煤尘的高温热源。④空气中的氧气浓度不低于 18%。

（2）水灾事故

矿井在建设和生产的过程中，地面水和地下水通过各种通道涌入，当矿井涌水超过正常排水能力时，会造成矿井水灾。矿井水灾（通常称为透水）是煤矿常见的主要灾害之一。

矿井水灾带来的后果有：淹没井巷和设备，造成人员伤亡和财产损失；影响采矿生产，减少产量；限制矿产资源开发，减少可采储量，缩短矿井有效使用年限；有时会引起地面塌陷、地面沉降等次生灾害。

矿井水灾发生的主要原因有：

1）洪水冲毁堤坝和矿井围堤，从井口大量灌入矿井。

2）在顶板破碎或裂隙发育的岩石中掘进巷道，因顶板冒落或导水裂隙与河湖水库或强含水层连通后，使大量水涌入巷道。

3）巷道与可溶岩溶洞穴塌落形成的陷落柱相遇或连通，使大量岩溶水涌入巷道，造成淹井。

4）巷道或回采工作面遇到充水老窿或旧巷道，造成突然淹井。

5）钻孔封孔质量差，成为各种水体的垂直通道，巷道或回采工作面与这些钻孔相遇时，大量地表水或地下水通过钻孔涌入矿井。

6）巷道与断层相遇，大量地下水通过断裂破碎带涌入矿井。

7）隔水矿柱抗压强度不足，抵抗不住矿山压力和静水压力的共同作用，导致底板承压水大量涌入矿井。

8）在松散的强含水层中开凿井巷，使大量地下水和泥沙涌出，淹没井巷，甚至发生坍塌。

（3）顶板事故、冲击地压事故

顶板事故是在矿山开采过程中山体压力造成顶板岩石变形超过弹性变形极限，破坏巷道支护导致的冒顶、坍塌、片帮等。冲击地压事故是井巷或工作面周围岩体由于积聚的大量弹性应变能瞬时释放，产生突然剧烈破坏的动力现象。

顶板事故和冲击地压事故会造成人员压埋、砸伤等直接伤害，或造成窒息等间接伤害；容易造成巷道堵塞使人员被困灾区；可能造成有害气体涌出，引发爆炸、火灾等继发事故。

该类事故被困人员往往具有较大生存空间，且无高温高压环境，有毒有害气体浓度一般不会迅速增大，相对爆炸、火灾、煤与瓦斯突出等事故，被困人员具备较大存活可能。

（4）火灾事故

矿井火灾是指发生在矿井内或地面并威胁到井下安全生产、造成损失的失控燃烧。矿井火灾与煤尘、瓦斯爆炸的发生常是互为因果关系，是酿成煤矿恶性事故的原因之一。矿井火灾主要有以下特点：

1）矿井火灾分为内因火灾和外因火灾。内因火灾由煤炭自燃引起，主要发生在采空区、煤巷顶板、破碎煤壁、遗留煤柱等地点。外因火灾由明火、电火花、机械摩擦、爆破等外部热源引起，主要发生在采掘工作面、井筒、井底车场、皮带巷、机电硐室以及其他有机电设备的巷道等地点。

2）矿井火灾对被困人员的主要威胁是高温和火焰，以及因燃烧产生的大量一氧化碳等有毒有害气体。

3）火灾产生的火风压或烧毁通风构筑物，可能引起矿井或局部区域风流状态的变化，造成风量变化和风流逆转、逆退、滚退等紊乱现象，导致高温有毒有害气体进入进风区域而扩大火灾影响范围，从而增加事故损失和灭火救灾的难度。

4）在瓦斯矿井和存在爆炸性煤尘的矿井中，火灾产生的高温和明火容易引起爆炸事故。在井下低瓦斯或无瓦斯区域发生富燃料类火灾时，其生成的、未消耗完的爆炸性气体也可能发生爆炸。

5）发火地点难以接近，灭火时间长。特别是内因火灾，面积大、隐蔽性强、氧化过程比较缓慢，发火后不易被扑灭。

6）矿井火灾对救援人员的主要威胁是高温、有毒有害气体以及火灾引发爆炸。矿井火灾救援是各类救灾中难度最大、最危险、技术要求最强、任务最艰巨的救援工作，特别是封闭有爆炸危险的火区时，易发生瓦斯爆炸的

次生事故，甚至有可能造成救援人员伤亡。

（5）矿井中毒、窒息事故

矿井中毒、窒息事故主要包括矿井火灾、爆炸产生的一氧化碳中毒，巷道放炮掘进产生的炮烟（一氧化碳和氮氧化物）中毒，硫化氢中毒，高浓度瓦斯、二氧化碳窒息以及盲巷高氮缺氧窒息等。一氧化碳等有毒有害气体一般会引起头痛、心悸、呕吐、四肢无力、昏厥，重则使人痉挛、呼吸停顿，甚至死亡。高浓度瓦斯、二氧化碳等气体会导致人体缺氧，造成窒息性气体中毒，使人迅速晕倒甚至死亡。

矿井中毒、窒息事故易发生在被火灾或爆炸波及的巷道，被瓦斯突出波及的巷道，长期停风区、封闭区、盲巷、废弃巷道等瓦斯积聚区，爆破后炮烟没有排出的掘进巷道，或者采空区透水区域等地点。

矿井中毒、窒息事故发生后，现场人员或入井救援人员易出于救人本能和急迫心理，不佩戴防护装备而进行盲目施救，也会导致次生事故。

（6）煤与瓦斯突出事故

煤与瓦斯突出是一种瓦斯特殊涌出的现象，即在压力作用下，破碎的煤与瓦斯由煤体内突然向采掘空间大量喷出。煤与瓦斯突出是煤矿井下一种严重的自然灾害，具有极大的破坏性，严重威胁着煤矿的安全生产。

煤与瓦斯突出易发生在采掘工作面（大多数发生在掘进工作面，特别是石门揭开煤层时，突出强度最大、次数最多），也常发生在地质构造变化大、煤层厚度变化大、采掘作业应力集中地带和围岩致密而干燥的厚煤层等区域。

当事故发生时，瞬间突出的大量煤（岩）会掩埋采掘工作面和附近巷道的作业人员，同时，突出的大量瓦斯会使采掘工作面及回风巷道内的氧气浓度急剧降低，造成人员窒息。并且，突出的瓦斯因压力较高，可能会破坏通风系统，改变风流方向，使进风侧充满高浓度的瓦斯，造成更大范围的人员窒息。高浓度瓦斯顺风流或逆风流蔓延，当达到爆炸极限并遇火源时可能引起瓦斯爆炸。

煤与瓦斯突出事故有非常大的破坏力，可造成供水、供电、压风、通风、支护、运输等系统和设施、设备的损坏，巷道坍塌、片帮、底鼓，以及堵埋人员、积水涌出等。

对救援人员安全的主要威胁是发生二次突出和瓦斯爆炸。

（7）矿井提升运输事故

矿井提升运输事故发生在矿井的提升运输环节，主要包括卡罐、坠罐、跑车、吊桶翻转、输送机事故等。卡罐会造成罐内人员被困井筒，罐内人员可能由于罐笼突然停止而发生撞击，进而遭受伤害，卡罐有可能会进一步发展为坠罐事故。坠罐是矿井提升运输中发生较多的一种事故，会对乘坐人员造成强烈冲击，造成伤害甚至死亡。斜井跑车失控后，除会造成车内人员创伤或死亡外，也可能撞击井底人员造成伤亡事故。当发生吊桶翻转时，乘坐吊桶人员在系好保险带、挂上保险钩的情况下，一般不会坠落井底，不会发生严重伤害。带式输送机和刮板输送机事故的危害主要是机械伤害、触电、火灾等。值得注意的是，坠罐、跑车、带式输送机断带等提升运输事故，会扬起井底车场或巷道的积聚煤尘，并由同时产生的撞击火花点燃

而引发煤尘爆炸。

（8）爆破事故

1）煤矿发生爆破事故常见的原因如下：

①雷管和炸药混装混运。

②爆破材料不合格。

③雷管与火药储存和运送间距不符合规定，不按规定线路和时间运送。

④制作引药时，选择的地点和制作的工艺不符合规定。

⑤炮眼深度和封泥长度不符合规定，装药量过大和装药时用力过猛。

⑥爆破母线未按规定扭结短路，使雷管与导电体接触。

⑦未执行“一炮四检”及“四人联锁爆破制”等爆破管理制度。

⑧爆破前未进行安全检查，在支护不完好、瓦斯超限和煤尘堆积飞扬等隐患下进行爆破作业。

⑨班组长警戒设置不符合规程规定，没有按要求设置警戒。

⑩在出现拒爆、残爆时，不按规定进行检查和处理。

⑪没有按规定清退火药和雷管，或私藏火药和雷管。

2）矿井常见爆破事故

矿井常见爆破事故主要有以下几种：爆破崩人事故，爆破熏人事故，爆破崩倒支架，爆破崩坏设备或设施，爆破引起的冒顶事故，爆破引发瓦斯和煤尘爆炸事故，瞎炮引发的事故等。

2. 安全避险的基本技能

（1）熟知安全出口

每个生产矿井必须至少有 2 个能够使人通行并通达地面的安全出口，各出口间距不得小于 30 米。井下各开采水平之间和各个采区都有 2 个以上便于行人通行的安全出口，并与通到地面的安全出口相连接。

根据煤矿井下特殊工作条件，一旦发生灾害事故，安全出口是撤到地面的“生命出口”，作业人员必须熟知本矿井安全出口的位置和各条巷道通向安全出口的路线。

（2）熟知安全标志

安全标志是用以表达特定安全信息的标志。安全标志能够提醒作业人员预防危险，从而避免事故发生；当危险发生时，能够指示人们尽快撤离，或者指示人们采取正确、有效的措施避险，降低事故损失。

安全标志主要包括以下 4 种：

1）禁止标志。禁止或制止某种行为的标志。

2）警告标志。警告可能发生危险的标志。

3）指令标志。指令必须遵守某种规定的标志。

4）提示标志。告诉目标方向地点的标志。

安全标志的安全色分为红、黄、蓝、绿 4 种，红色表示禁止，黄色表示警告，蓝色表示指令，绿色表示提示。

（3）熟知安全避险设施、装备

煤矿井下有很多安全避险设施、装备。当事故灾害发生时，主要用于安全避险的设施和装备有安全监测监控系统、井下人员定位系统、井下紧急避险系统、矿井压风自救系统、矿井供水施救系统和矿井通信联络系统等。作业人员必须掌握使用这些设施、装备的基本常识。

1）安全监测监控系统。当安全参数达到极限值时会产生显示及声、光报警等输出，作业人员必须熟知各类报警所反馈的信息内容，并按照应急预案规定执行相应的应急处置措施。

2）井下人员定位系统。作业人员必须随身携带“井下人员定位识别卡”，要了解其指示灯故障报警、紧急撤离报警等信息，并了解在遇到险情时如何使用“井下人员定位识别卡”报警功能按键，进行报警求救。

3）井下紧急避险系统。作业人员要熟练掌握自救器、救生舱、避难所、防透水型固定式避难所等相关设备设施的使用方法和注意事项，改变单纯依赖外部救援的矿难应急救援模式，实现由被动待援到主动自救与外部救援相结合，使救援工作科学、有序、有效。

4）矿井压风自救系统。作业人员必须熟知压风自救装置位置，能够正确佩戴压风自救面罩，会通过可调式气流阀调节供风流量。

5）矿井供水施救系统。所有采掘工作面和其他人员较集中的地点、井下各作业地点及避难硐室（救生舱）应设置供水阀门，保证各采掘作业地点在事故发生期间能够提供应急供水，所有作业人员要熟知供水施救系统的位置。

6）矿井通信联络系统。在主副井绞车房、井底车场、运输调度室、采区变电所、水泵房等主要机电设备硐室和采掘工作面以及米区、水平最高点，都应设有固定电话。井下避难硐室、井下主要水泵房、井下中央变电所和突出煤层采掘工作面、爆破时撤离人员集中地点等，都应设有直通矿调度室的电话。井下应急广播系统不但可以发布应急广播信息，也可以直接通过其与矿调度室通话。

以上保障矿井安全生产、保护作业人员生命安全的设施、装备，必须按规定定期进行检查、维护，确保其完好可靠。

（4）熟知安全信号

安全信号是保障工作联系和安全生产的手段，井下各个工作环节都设有用声和光表示的各种工作信号和安全信号。

每个矿井的信号内容都有严格规定。提升和运输，一般都用红绿灯和铃声作为信号。红灯表示危险，如有车辆正在通行，严禁人员进入、通行或车辆驶入等信息，因此看到红灯就要停止通行。绿灯表示安全，可正常行驶或允许通过、进入。铃声的长短和次数也代表不同的信息，如煤矿提升运输通常采用“一声停、二声提、三声下放、四声慢提、五声慢放”的铃声信号。

此外还有设备启动或停止的联络信号，如推车工人推车时的大声呼喊，用口哨发出的放炮信号等。每一个下井工人听到或看到这些信号，必须严格遵照信号的规定，听从信号的指挥。同时要注意以下几点：

作业人员必须熟悉本矿井各类信号规定，在井下时刻注意信号信息，根据不同信号，服从指挥，不可粗心鲁莽，避免发生危险。

信号设备关系着每个井下人员的人身安全和正常的生产秩序，必须加以爱护，严禁随意拨弄、损坏。如果发现信号失灵或不起作用，应及时汇报，以便及时修复，确保信号装置完好可靠。

安全信号是指挥生产和确保安全的重要手段，必须专人使用，严禁其他人员擅自操作。

（5）井下避灾路线

煤矿井下作业区域为封闭作业空间，且作业地点分散，当发生事故时仅能通过安全出口及与其相连接的巷道撤离。根据不同事故和事故发生地点而制定的能使井下人员用最短时间、从最近距离安全撤离的路线，称为避灾路线。在这些避灾路线中，自井下通到地面的各主要巷道、采区巷道里，以及在巷道拐弯处和巷道的相互交叉点，都设有避灾路线标志牌，标志牌上画着箭头，沿着箭头指示的方向撤离，即可安全升井。

1）避灾路线图。井下避灾路线图是在矿井发生灾害时，井下人员安全撤离至地面的路线图，是矿井安全生产必备图示。井下避灾路线图分为井下避灾路线工程平面图、井下避灾路线示意图、井下避灾路线立体示意图三种，最常用的是井下避灾路线工程平面图、井下避灾路线立体示意图。

2）井下避灾路线图的主要内容

矿井安全出口位置，井下避难硐室、救生舱、压风自救装置、供水施救装置、自救器中转站、医疗急救

站、应急广播、通信电话、风门等紧急避险设施、安全设施的位置、规格和种类。

矿井通风网络进风风流、回风风流的方向、路线。

井下发生瓦斯、煤尘爆炸，煤与瓦斯突出，水灾，火灾，顶板，冲击地压等事故时的井下避灾路线。

矿井巷道名称。

3）井下避灾路线图的用途

用于井下作业人员安全必备知识培训，使其具备一定的防灾抗灾能力。

部署、指导和实施矿井应急演练工作的依据。

矿井一旦发生事故，井下灾区作业人员可根据事故性质、所处位置，按照预先制定的井下避灾路线图规定的路线，快速撤离至安全区域，减少人员伤亡。

当井下发生事故后，作为制定和实施营救井下被困人员方案的重要依据之一。

4）井下避灾路线图的识读方法及要点

识读井下避灾路线图，首先应仔细阅读图名、图形、图号、比例，然后根据图样的内容、图例、技术说明，按以下顺序进行识读：

识读避灾路线图的图形，确定其属于井下避灾路线工程平面图、井下避灾路线示意图或井下避灾路线立体示意图的哪一种。井下避灾路线工程平面图按实际比例进行绘制，可准确反映距离、坐标、高差、方位等信息。井下避灾路线示意图或井下避灾路线立体示意图虽不能像井下避灾路线工程平面图一样翔实反映相关数据，但简洁明了，便于作业人员识图。

识读矿采系统。矿采系统可以完整地反映采掘工作面的布置，有利于作业人员对整个矿井巷道的空间位置及相互连接建立整体认识。

识读矿井进风巷、回风巷，明确鲜风流、污浊风流流动的方向及路线。

识读采掘工作面采区、水平及矿井安全出口的位置及相互联系。

识读井下采掘工作面发生瓦斯、煤尘爆炸，煤与瓦斯突出，火灾，水灾，顶板，冲击地压等灾害时的避灾路线。井下采掘工作面是上述事故的高发点，因此避灾路线的起点为采掘工作面，终点为地面。

识读井下安全设施、避险设施名称及位置。

3. 煤矿常用个体防护装备

(1) 自救器

1) 自救器是一种轻便、体积小、便于携带、佩戴迅速的个人呼吸防护装备。当井下发生火灾、爆炸、煤与瓦斯突出等事故时，可供人员佩戴自救，能够有效防止中毒或窒息。自救器按其作用原理可分为过滤式和隔离式两种，隔离式自救器又分为化学氧和压缩氧自救器两种。

2）自救器使用注意事项

入井前要把自救器系在左侧腰部，发生事故时，可以快速佩戴好自救器。

严禁随意拆开自救器，随意拆动内部生氧药罐的任何部件。如外壳意外开启，应立即停止携带此自救器，做报废处理。

应避免碰撞、跌落自救器；不准将自救器当坐垫使用，也不准用尖锐器具砸自救器外壳；不能使自救器接触带电体或将其浸泡在水中。

携带时，要检查自救器外部有无损伤、有无松动，如发现不正常现象应及时更换自救器，再把有损伤的自救器送到发放室检查校验，不可把失效的自救器携带入井。

发生瓦斯、煤尘爆炸事故时，作业人员应立即戴上自救器，做到沉着、冷静，全部佩戴完毕后，迅速撤离事故地点。没有到达安全地点，切不可摘掉口具和鼻夹。

撤离事故地点时，要匀速快步行走，呼吸要均匀，严禁东奔西跑，防止意外伤害。

严禁佩戴过滤式自救器进入缺氧盲巷（氧含量低于 16%）和进入含其他有害气体（一氧化碳除外）的场所。

自救器的有效使用时间约为 40 分钟，佩戴自救器后不可在事故地点久停，也不可顺烟雾风流一直走向回风井，应按避灾路线行进，从最近巷道尽快走出烟雾地点，进入安全新鲜风流区域。

过滤式自救器只能供本人从事故地点撤退时使用。在非特殊情况下严禁佩戴自救器去救人和进行事故地点的其他工作，防止扩大事故伤害。

佩戴隔离式自救器行走过程中，自救器在生氧药品作用下，壳体会逐渐变热并使吸入气体的温度逐渐升高，这表明自救器在正常工作，千万不要惊慌或因吸气干热而取下口具、鼻夹。在行进中严禁通过口具讲话或摘掉口具讲话，以防止吸入有毒有害气体。如遇到冒落危险地区时，可快步行走。当快步行走一段路后，会感到呼吸阻力加大，这时可放慢脚步缓解一下，即能恢复正常呼吸。

佩戴过程中口腔产生的唾液，可以咽下，也可任其自然流入口水盒中，严禁摘下口具吐出口水。

使用压缩氧自救器，应按期更换二氧化碳吸收剂药品，以保证使用时的安全。禁止随意打开氧气瓶开关，如氧气瓶开关有缓慢漏气现象，应立即送去检修，再把氧气充满。

（2）安全帽

1）安全帽的防护作用

当作业人员头部受到坠落物的冲击时，安全帽帽壳、帽衬会在瞬间先将冲击力分解到头盖骨的整个面积上，然后利用安全帽的各个部位，如帽壳、帽衬的结构、材料和所设置的缓冲结构（插口、拴绳、缝线、缓冲垫等）的弹性变形、塑性变形和结构破坏将大部分冲击力吸收，使最后作用到人员头部的冲击力降低到 4.9 千牛以下，从而避免作业人员的头部受到伤害或降低伤害的作用。

2）安全帽使用注意事项

在使用之前一定要检查安全帽上是否有裂纹、碰伤痕迹、凹凸不平、磨损（包括对帽衬的检查），安全帽上如存在影响其性能的明显缺陷时应及时报废，以免降低其防护作用。

不能随意在安全帽上拆卸或添加附件，以免影响其原有的防护性能。

不能随意调节帽衬的尺寸。标准中严格规定了安全帽的内部尺寸，如垂直间距、佩戴高度、水平间距，这些尺寸直接影响安全帽的防护性能，使用者一定不能随意调节，否则，一旦发生落物冲击，安全帽会因佩戴不牢脱出或因冲击超过防护极限而起不到防护作用，直接伤害使用者。

使用时一定要将安全帽戴正、戴牢，不能晃动，要系紧下颏带，调节好后箍，以防安全帽脱落。

受过一次强冲击或做过试验的安全帽不能继续使用，应予以报废。

应使用在有效期内的安全帽，塑料安全帽的有效期为两年半，植物枝条编织的安全帽有效期为两年，玻璃钢（包括维纶钢）和胶质安全帽的有效期为三年半。超过有效期的安全帽应予以报废。

（3）呼吸防护用品

1）呼吸器官的防护是指作业人员佩戴有效、适宜的防护器具，直接防御有害气体、蒸气、尘、烟、雾经呼吸道进入体内，或者供给清洁空气，从而保证其在尘毒污染或缺氧环境中正常呼吸。因操作条件或工艺设备所限，在有尘毒污染、不符合《工业企业设计卫生标准》（GBZ 1—2010）的环境处理事故、检修、抢救作业以及在狭小密闭舱内操作时，都必须重视对呼吸器官的防护，选用合适的呼吸防护用品。

2）自吸过滤式防尘口罩的注意事项

①定期更换口罩

当口罩受污染，如染有血渍或飞沫等异物时。

使用者佩戴口罩时感到呼吸阻力变大。

口罩损毁。

在面具与使用者面部密合良好的情况下，使用者闻到了毒害物的味道，应该及时更换新的口罩（防毒滤盒）。

②口罩不宜长期佩戴。从人的生理结构来看，由于人的鼻腔黏膜血液循环非常旺盛，鼻腔里的通道又很曲折，与鼻毛构起一道过滤的“屏障”，因此当空气吸入鼻孔时，气流在曲折的通道中形成一股旋涡，使吸入鼻腔的气流得到加温。如果长期戴口罩，会使鼻黏膜变得脆弱，失去了原有的生理功能，故不能长期佩戴口罩。

③保持口罩的清洁

口罩的外层往往积聚着很多空气中的灰尘、细菌等污物，而内层阻挡着呼出的细菌、唾液，因此，内外层不能交替使用，否则会将外层沾染的污物在直接紧贴面部时吸入人体，反而成为传染源。

口罩在不使用时，应叠好放入清洁的袋内，并将紧贴口鼻的一面向内折好，切忌随便塞进口袋里或是挂在脖子上。

若口罩被呼出的热气或唾液弄湿，其阻隔污染的作用就会大大降低。所以，平时最好多备几只口罩，以便替换使用，并每日换洗一次。洗涤时应先用开水烫 5 分钟，再用手轻轻搓洗，清水洗净后在清洁场所风干。但是有活性炭过滤的和一次性的口罩不必清洗。

（4）防冲击眼面部护具

在生产作业过程中，防护面具是用来保护面部和颈部免受飞来的金属碎屑、有害气体、液体喷溅、金属和高温溶剂飞沫伤害的用具。防护面具按用途分为防打击面具、防辐射面具、防化学液体飞溅面具、防烟尘毒气面具及隔热面具等。

4. 自救与互救常识

（1）自救与互救原则

迅速撤离事故地点。当发生重大灾害事故时，若事故地点不具备事故抢险的条件，或者在抢险时可能危及救援人员自身安全，应迅速撤离现场，躲避到安全地点或撤到井上。

及时报告灾情。在灾害事故发生初期，现场作业人员应尽量了解和判断事故性质、地点和灾害程度，在积极、安全地消除或控制事故的同时，要及时向矿调度室报告灾情，并迅速向事故可能波及区域人员发出警报。

积极消除灾害。利用现场条件，在保证自身安全的前提下，采取积极有效的措施和方法，及时投入现场抢救，将事故消灭在初始阶段或控制在最小范围内，最大限度减少事故造成的损失。抢救人员时要做到“三先三后”（即“先抢救生还者，后处理已死亡者；先抢救伤势较重者，后抢救伤势较轻者；对于窒息或心跳、呼吸停止不久、出血和骨折的伤员，先复苏、止血和固定，然后搬运”）。

妥善安全避灾。当灾害事故发生后，避灾路线因冒顶、积水、火灾或有害气体等原因堵塞，现场作业人员无法撤退时，或在自救器有效工作时间内不能到达安全地点，应迅速进入避难硐室和灾区较安全地点，或者就近快速构建临时避难硐室，进行自救，妥善安全避灾，努力维持和改善自身生存条件，等待营救。

（2）应急救护知识

“第一目击者”及所有救护人员，应牢记救护现场垂危伤员的首要目的是“抢救生命”。为此，实施现场救护的基本步骤可以概括如下。

1）采取正确的救护体位

对于意识不清者，取仰卧位或侧卧位，便于复苏操作及评估复苏效果。在可能的情况下，将伤员放在坚硬的平面上翻转为仰卧位（心肺复苏体位），救援人员需要在检查后，再进行心肺复苏。

若伤员没有意识但有呼吸和脉搏，为了防止呼吸道被舌后坠或唾液及呕吐物阻塞引起窒息，对伤员应采用侧卧位（复原卧式位），使唾液等从口中流出。伤员体位应保持稳定，易于翻转，同时保持气道通畅；每隔 30 分钟将伤员翻转一次。

注意不要随意移动伤员，以免造成伤害。如不要用力拖动、拉起伤员，不要搬动和摇动已确定有头部或颈部外伤者等。有颈部外伤者在翻身时，为防止颈椎再次损伤引起截瘫，应有专人固定伤员的头、颈部，保持其头、颈部与身体同一轴线翻转。

2）打开呼吸道

伤员呼吸心跳停止后，全身肌肉松弛，口腔内的舌肌也松弛下坠而阻塞呼吸道。采用开放呼吸道的方法，可使阻塞呼吸道的舌根上提，使呼吸道畅通。

当伤员的呼吸道被阻塞时，救援人员应先迅速地将伤员衣领口、领带、围巾等解开，再戴上手套迅速清理伤员口鼻内的污泥、土块、痰、呕吐物等异物，以利于呼吸道的畅通。

打开呼吸道的方法还包括仰头举颏法、仰头抬颈法、双下颌上提法等。

3）人工呼吸

检查

救援人员应首先将伤员呼吸道打开，迅速利用眼看、耳听、皮肤感觉等方法，判断伤员有无呼吸。具体做法为：侧头用耳听伤员口鼻中是否有呼吸声（一听），用眼看伤员胸部或上腹部是否随呼吸而上下起伏（二看），用面颊感觉伤员是否有呼吸气流（三感觉）。如果伤员胸廓没有起伏，并且口鼻中没有气体呼出，即证明伤员不存在呼吸，这一评估过程一般不超过 10 秒。

实施

救援人员经检查后，若判断伤员呼吸停止，应在现场立即给予口对口（口对鼻、口对口鼻）、口对呼吸面罩等人工呼吸救护措施。

4）胸外心脏按压

判断伤员有无心跳（脉搏）时，应选大动脉进行测定，并在 5~10 秒内判断伤员有无心跳。可以进行脉搏判断的大动脉主要有：

颈动脉。用一只手的食指和中指置于颈中部（甲状软骨）中线，手指从颈中线滑向甲状软骨和胸锁乳突肌之间的凹陷，稍加用力即可触摸到颈动脉；检查颈动脉不可用力压迫，避免刺激颈动脉窦使得迷走神经兴奋，反射性地引起心跳停止，并且不可同时触摸双侧颈动脉，以防阻断脑部血液供应。

肱动脉。肱动脉位于上臂内侧，肘和肩之间，稍加用力即可检查其是否有搏动。

若救援人员判断伤员已无脉搏搏动，或在危急中不能判明心跳或脉搏搏动是否停止，不要反复检查耽误时间，而应立即在现场进行胸外心脏按压等救护措施。

5）紧急止血

救援人员要注意检查伤员有无严重出血的伤口，如有出血，要立即采取止血救护措施，避免因大出血造成休克而死亡。

6）局部检查

在救护伤员时，应首先处理危及其生命的全身症状，再处理局部症状。进行全身检查时，要对头部、颈部、胸部、腹部、背部、骨盆、四肢各部位进行检查，再重点检查出血的部位和出血程度、骨折部位和骨折程度、渗血部位、脱出的脏器和皮肤感觉丧失部位等。

首批进入现场的救援人员应对现场伤员及时作出分类，做好运送前医疗处置，救援人员可协助运送，在运送途中也要对危重伤员不间断地施救，使伤员能在最短时间内获得必要治疗。

对危重灾害事故伤员应尽快送往医院救治，对某些特殊伤害伤员应送专科医院救治。

三、煤矿事故应急避险

Meikuang Shigu Yingji Bixian

煤矿事故应急避险

1. 瓦斯和煤尘爆炸事故
2. 水灾事故
3. 顶板事故、冲击地压事故
4. 火灾事故
5. 矿井中毒、窒息事故
6. 煤与瓦斯突出事故
7. 矿井提升运输事故
8. 煤矿爆破事故

1. 瓦斯和煤尘爆炸事故

（1）瓦斯和煤尘爆炸事故预兆

当即将发生瓦斯和煤尘爆炸时，附近空气会出现颤动和流动的现象，有时还伴有咝咝的空气流动声，这是爆炸前爆源要吸收大量氧气所致。

（2）瓦斯和煤尘爆炸事故应急避险措施

发生瓦斯和煤尘爆炸时，一定要镇定清醒，不要惊慌、乱跑乱喊。

当听到或感觉到爆炸声响和空气冲击波时，应立即背朝声响和气浪传来的方向，倒地俯卧，脸朝下、双手置于身体下方，闭上眼睛，头部要尽量放低，使面部能够贴地，用湿毛巾或手捂住口、鼻，尽量屏住呼吸（特别是爆炸瞬间），防止吸入有害高温气体，

避免中毒或灼伤气管和内脏。

用衣服将自己身体的裸露部分尽量遮挡严实，以防火焰和高温气体灼伤皮肤。

爆炸后迅速佩戴好自救器，辨明方向，以最快速度进入新鲜风流，并按照避灾路线，尽快逃离灾区。

无法逃离灾区时，应立即构筑临时避难硐室，充分利用现场的一切器材和设备来保护人员及自身安全，最好找到距水源近的地方，设法堵好洞口，防止有害气体进入，等待救援。在临时构筑的避险空间内，要开启压风自救系统，并有规律地敲击金属器具等，发出呼救联络信号，以

引起救援人员的注意。

进入避险场所前，应在避险场所外留设文字、衣物、矿灯等明显标志，以便于救援人员实施救援。

进入避难硐室或可移动救生舱时，一定要严格按照操作方法和步骤，进入后立即向地面调度室汇报情况，等待救援。

2. 水灾事故

（1）透水预兆

透水预兆是指采掘工作面透水前的征兆，如煤层发潮发暗、巷道壁或煤壁“出汗”、顶板出现尖形水珠、顶板淋水加大、底板突然涌水、工作面温度下降、产生雾气、煤或岩层里有吱吱的水叫声、出现压力水流、工作面有害气体增加、煤壁或巷道“挂红”。矿井水类型不同，预兆也不同。

（2）水灾的应急避险措施

发现透水预兆要立即向调度室汇报，若情况紧急，必须立即发出警报，迅速采取果断措施进行处理，防止透水、淹井，并及时撤出所有受水害威胁的人员。

撤离时要服从命令，不可慌

乱，要注意向高处撤离，并沿预定的避灾路线出井。

位于透水点下方的工作人员，撤离时遇到水势很猛和很高的水头时，要尽力屏住呼吸，用手拽住管道等固定物，防止呛水和溺水，待水势平稳后，借助巷道壁及其他物体，迅速撤往安全地点。

当外出道路已被水阻隔，无法撤离时，被困人员应选择地势最高、离井筒或大巷最近的地点，或上山独头巷道暂时躲避。被堵在上山独头巷道内的人员，要做好长时间被困的思想准备，节约使用矿灯和食品，不要一直大声呼救，要节省体力，经常性有规律地敲打金属器具，向外界传递求救信号，耐心等待救援脱险。

若透水来自老空、老窑积水，同时会有大量有毒气体涌出，撤离时每人都要迅速戴好自救器，以防中毒或窒息。

当发生突（透、溃）水时，矿井应当立即做好关闭防水闸门的准备。在确认人员全部撤离后，方可关闭防水闸门。

水泵司机在没有接到救灾指挥部撤离命令前，绝对不准擅自离开工作岗位。

3. 顶板事故、冲击地压事故

（1）顶板事故、冲击地压事故预兆

顶板事故发生前，矿柱会出现劈裂破坏现象，且破坏速度逐渐加快；支架发出爆裂声，并开始折断；顶板岩石发出破裂、撞击声，并伴有碎块掉落；涌水、淋水增大。

冲击地压事故常伴有煤（岩）体瞬间位移、抛出、巨响及气浪等，具有很大的破坏性，并有多种类型：巷道一帮或两帮冲击；煤炭或岩体抛出；底板冲击；弹射、巷帮位移等，常导致巷道支架破坏、设备移动、空间被堵塞或人员伤亡。冲击地压事故具有突发性、爆发性的特点，事故发生前预兆不易察觉，一般不会持续发生。

（2）顶板事故、冲击地压事故应急避险措施

如果发生小型冒顶、坍塌、压埋事故，现场人员在保证安全的前提下，应立即开展互救。

清理堵塞物时，要小心使用工具，防止伤害遇险人员；遇有大块矸石、木柱、金属网、铁架、铁柱等物压人时，可使用千斤顶、液压起重器、液压剪刀等工具进行处理，绝不可用镐刨、锤砸等方法救人或破岩。

在撤离受阻时应采取以下自救措施：①选择最近的避难硐室或临时避险场所等待救援。②选择最近的设有压风自救装置和供水施救装置的安全地点，进行自救、互救或原地等待救援。③迅速避险撤退到安全地点，如有压风管路，应将其打开输送新鲜空气。可利用现场材料，维护加固附近顶板，设置生存空间，等待救援。

被困后，遇险人员应采用一切可行措施向外发出求救信号，如有规律地敲击岩石、金属物，但在瓦斯和煤尘浓度较大的情况下不可用石块或铁质工具敲击金属，避免产生火花而引起瓦斯煤尘爆炸。被困待救期间，遇险人员要节约体能，节约使用矿灯，保持镇静，互相鼓励，积极配合营救工作。

4. 火灾事故

（1）火灾事故预兆

煤炭自然发火的预兆：

- 巷道温度、湿度增高，有时出现雾气或巷道壁出汗等异常现象。
- 巷道内出现类似松节油的气味。
- 巷道流出的水温度增高。
- 人体出现不适，如头晕、气闷、精神疲乏、四肢无力。
- 通过气体检测，巷道空气中氧气浓度降低，出现一氧化碳气体并且浓度逐渐升高。

（2）火灾事故应急避险措施

发生火灾时，要切断通向火区的电源。对于明火，可使用就近的灭火器灭火，或用湿衣抽打或捂盖、用沙箱（岩粉、炮泥）盖灭、用脚踏灭、用锹扑灭、用防尘水管水浇灭等，如有条件应尽量使烟流短路，如果火势不能控制，则应按以下方法避险：

- 火灾发生后有大量的一氧化碳等有毒有害气体，在有烟雾的巷道里停留避险风险极大，因此应迅速撤离现场，撤到有新鲜风流的巷道。

位于进风侧的人员迎风撤离。

位于回风侧的人员戴好自救器后，以最近的路线撤至新鲜的风流中。

在烟雾不严重的情况下，应尽量弓身弯腰，低头快速前进，如果烟雾大，视线不清或温度高，应尽量贴着巷道底板和巷道壁，或摸着轨道、管道，尽快撤离。

在高温浓烟的巷道里撤离时还应注意利用巷道积水浸湿毛巾、衣物或往身上淋水等办法进行降温，或利用随身衣物遮挡头面部，防止高温烟气的刺激。

实在无法撤出时，要尽快进入避难硐室、救生舱等待救援。

如果在有烟气巷道内，不能在自救器的有效作用时间内安全撤离时，应提前寻找自救器中转站更换自救器，或寻找有压风自救装置的地点等待救援。

撤离过程中严禁惊慌、东奔西撞，要匀速稳步撤离。

5. 矿井中毒、窒息事故

（1）矿井中毒、窒息事故预兆

现场人员发现自己出现头晕、头痛、耳鸣、心跳加快、四肢无力、呕吐、鼻流清涕、呼吸困难、剧烈咳嗽、流泪等中毒、窒息症状或发现可能导致中毒、窒息的异常情况时，应立即佩戴自救器并转移到通风良好的安全地点，已中毒、窒息人员应在其他人员帮助下转移。到达安全地点后应立即对中毒、窒息人员进行人工呼吸等救援工作，并向矿调度室报告。

（2）矿井中毒、窒息事故应急救援措施

了解掌握中毒、窒息地点及其波及范围，遇险人员数量及分布位置，灾区通风情况，有毒有害气体种类及浓度，是否存在火源及火灾范围，以及现场救援队伍和救援装备等情况。同时还可以根据实际需要，增调救援队伍、装备和专家等救援资源。

中毒、窒息事故救援的主要任务是抢救遇险人员和对存在有毒有害气体的巷道进行通风。救援人员应携带足够数量的备用氧气呼吸器或自救器，供遇险人员使用，并将其运送到新鲜风流中进行急救。如果遇险人员过多，一时无法运出，则应就近以风障隔成临时避险区，以压风管通风或拆开风筒供风，将遇险人员在避险区进行疏散，再分批转运到安全地点。

发生瓦斯窒息事故时，应远距离切断事故地点电源。如果事故地点因停电有被水淹的危险时，应加强通风，特别要加强电气设备处的通风。处理二氧化碳、氮气窒息事故时，必须对事故地点加大风量，迅速抢救遇险人员。硫化氢对呼吸中枢有麻痹作用，遇险者常呼吸停止，但心脏尚在跳动，因此，人工呼吸是现场急救的重要措施，但因硫化氢为剧毒品，不宜进行口对口人工呼吸，以胸部按压法为宜。

当重度中毒者撤离至安全地带时，如果已休克或呼吸、心跳已停止，救援人员应采取自动苏生器和人工胸外按压等心肺复苏方法进行抢救。在送往医院救治过程中，不得停止心肺复苏，若中毒者能自主进行呼吸，需立刻给吸氧，并使中毒者处于放松状态，同时保持中毒者体温。

6. 煤与瓦斯突出事故

（1）煤与瓦斯突出事故预兆

煤与瓦斯突出事故预兆可分为有声预兆和无声预兆。

有声预兆是指煤层发出劈裂声、闷雷声、机枪声、响煤炮以及气体穿过含水裂缝时的吱吱声等。声音由远到近，由小到大，有短暂的，也有连续的，时间间隔长短也不一致；煤壁还会发生震动和冲击，顶板来压，支架发出折裂声。

无声预兆包括工作面顶板压力增大，煤壁被挤压，片帮掉渣，顶板下沿或底板鼓起；煤层层理紊乱、煤暗淡无光泽、煤质变软；瓦斯忽大忽小，煤壁发凉，打钻时有顶钻、卡钻、喷瓦斯等现象。

（2）煤与瓦斯突出应急避险措施

现场人员要立即佩戴自救器，按照突出事故的避灾路线，迅速撤出灾区直至地面，并立即向矿调度室报告。

对于小型煤与瓦斯突出事故，现场人员应在保障安全的前提下，尽力抢救被埋人员。

在撤离途中受阻时应采取以下自救措施：①选择

最近的避难硐室或临时避险场所待救。②选择最近的设有压风自救装置和供水施救装置的安全地点，进行自救互救或原地等待救援。③迅速撤退到有压风管或铁风筒的巷道、硐室躲避，打开供风阀门形成正压通风，同时可利用现场材料加固生存空间，防止生存空间坍塌。

采用一切可行措施向外界发出求救信号，但不可用石块或铁质工具敲击金属，避免产生火花而引起瓦斯煤尘爆炸。

被困待救期间，班组长和有经验人员应有序组织自救互救，被困人员要节约体能，节约使用矿灯，保持镇静，互相鼓励，积极配合营救工作。

7. 矿井提升运输事故

矿井提升运输事故的成因很多，要根据具体的事故类型来确定，可能是因为机器某些部分老化或维护不当造成的，也有可能是因为操作人员没有严格按照操作规程操作失误造成的。

（1）卡罐、坠罐事故现场应急措施

乘罐人员发现罐笼运行异常时，应握紧罐笼内的扶手，不能握扶手的应抓住握扶手的人，以免罐笼快速停止时发生摔伤和其他伤害。在乘坐罐笼时，所有人员都应双腿弯曲站立，在罐笼突然停止时可以减少惯性冲击。

由于保险装置的作用，罐笼在出现运行异常后会减速并停稳，此时乘罐人员要保持镇静，不可在罐笼中乱动、推拉，以保持罐笼平衡，同时积极呼叫发出求救信号，并耐心等待救援。

井底现场人员发现罐笼异常时，应立即撤离到50米以外，或躲避到安全地点，待罐体稳定后，及时报告，并在现场警戒，同时要与井口和车房保持联络，确认井口无其他可坠物且由专人在井口警戒后，方可靠近观察和施救。

罐内未受伤人员应立即在现场为受伤人员进行止血、包扎和骨折临时固定等紧急处理。

井口人员应首先避险，及时向矿调度室报告，并在井口警戒，封锁现场，防止其他人员、车辆靠近。

（2）倾斜井巷跑车事故现场应急措施

乘车人员发现人车运行出现异常时，应握紧车内的座椅靠背或扶手，以免人车快速停止时造成摔伤或其他伤害。乘车人员不能中途跳车，而应在车停稳后立即下车，并向矿调度室报告。

人车发生断绳或掉道等事故后，跟车工应立即发出事故信号，通知矿井有关人员及时组织抢救。

在倾斜井巷中行走或工作的人员，应立即进入避难硐室避险。来不及进入避难硐室时，应紧靠巷帮或支架间避险。当巷道较窄、两侧难以躲避时，可抓住棚梁将身体向上收缩避险，让失控车辆从下部通过。

斜巷底部人员应立即撤离或躲避到安全地点，并及时向矿调度室汇报事故情况。待车停稳后，关闭阻车防护安全设施，设置警戒，防止车辆及其他人员进入，再积极施救。

8. 煤矿爆破事故

（1）煤矿爆破事故原因及预防

一般在正常作业环境条件下，若严格按操作规程操作，雷管和炸药都能可靠起爆。但有些矿井在处理拒爆过程中，还是会出现伤亡事故，如某矿在工作面处理拒爆时，新打炮孔距拒爆炮孔仅 0.1 米，且不与拒爆炮孔平行，以致钻孔打在拒爆爆破器材上，引起爆炸，钻孔工当场死亡，这种操作明显严重违反了操作规定。由于各种原因，这种现象在处理拒爆或残爆时仍有发生，既影响了爆破效果，也增加了安全隐患。

全国 50 起重大瓦斯和煤尘爆炸事故统计分析表明，由违章爆破作业引起的有 17 起，占 34%。绝大多数爆破事故的教训也说明，不懂得安全爆破技术和缺乏煤矿安全生产知识，忽视安全生产，不遵守操作规程的规定，违章作业，是发生煤矿安全事故的主要原因。因此，加强安全教育培训和提高安全爆破技术水平，是减少煤矿安全事故，保证煤矿安全生产的重要措施。

（2）爆破事故应急避险措施

当出现残爆拒爆现象时，爆破工须先取下把手或钥匙，并把母线从电源上摘下，扭结成短路。至少等待 15 分钟，才可沿线路进行检查，找出原因。

处理残爆拒爆时，必须在当班班组长指导下进行，如果因连线不当，可重新连线起爆。其他原因时，在距拒爆眼 0.3 米以外另打与拒爆炮眼平行的新炮眼，重新装药爆破。

出现火工品事故时，班组长先要组织观察顶板及周围状况，对顶板进行加固，确认周边环境不再对人员造成新的损害。

发生爆炸伤人事故时，本着“先止血、后搬运，先复苏、后搬运，先固定、后搬运”的原则，迅速组织人员对受伤人员进行抢救。

同时应注意对剩余火工品和现场进行保护，以备事故调查。

四、典型案例

Dianxing Anli

典型案例

1. 山西省某矿特别重大瓦斯爆炸事故
2. 某矿特别重大透水事故
3. 某矿区八工区冒顶片帮死亡事故
4. 某煤矿“7・29”煤与瓦斯突出事故
5. 某煤矿冲击地压事故

1. 山西省某矿特别重大瓦斯爆炸事故

某年 2 月 22 日 2 时 20 分，山西省某矿发生一起特别重大瓦斯爆炸事故，造成 78 人死亡、114 人受伤（其中 5 人重伤），直接经济损失 2 386.94 万元。经查这起特别重大瓦斯爆炸事故是由于该矿南四盘区 12403 工作面 1 号联络巷微风，瓦斯局部积聚达到爆炸极限；联络巷内的电气开关失爆，产生火花，引爆瓦斯，爆炸同时破坏了回风巷内的瓦斯抽放管路，使管路内瓦斯也参与了爆炸。

事故教训

该起事故反映出，该矿采区存在通风管理不到位、瓦斯治理不彻底、现场管理不严格、安全措施不落实等问题。要想解决这些问题，应遵循下列规定：一是要树立瓦斯超限即是命令，瓦斯超限就是最大的隐患，瓦斯超限就是事故的管理理念。二是提高标准，严格掌控瓦斯浓度。三是提高局部通风管理标准，严把局扇“五专一化一切换”关。四是建立健全双巷间横贯、角联巷道、高冒区等薄弱地点通风、瓦斯管理制度，消除盲区，消灭盲点。五是简化优化通风系统，提高矿井抗灾能力。六是加强矿井瓦斯监测监控建设和管理，提高事故预警能力和反应能力。七是全力以赴加大瓦斯抽采力度，实现达标生产。

2. 某矿特别重大透水事故

某年 3 月 28 日 13 时 12 分，某矿在基建施工中发生特别重大透水事故，当时井下共有作业人员 261 人，其中 108 人安全升井、153 人被困井下。经过事故调查组调查，透水事故原因主要是该矿 20101 回风巷掘进工作面附近小煤窑老空区积水情况未探明，且在发现透水征兆后未及时撤出井下作业人员，造成 +583.168 米标高以下的巷道被淹和人员伤亡。

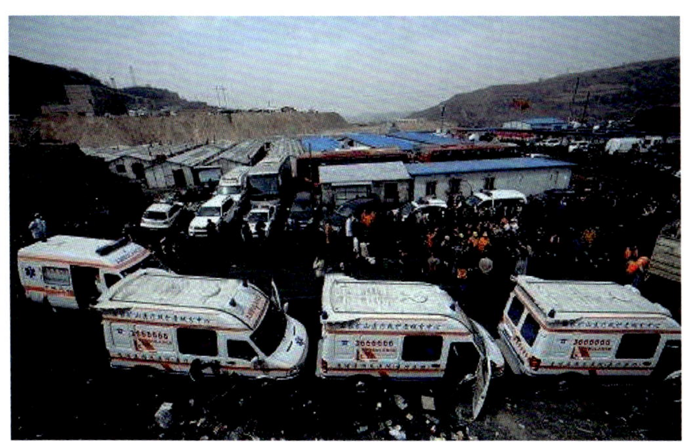

事故教训

该起事故的发生，主要有几个方面的事故教训：一是水文地质勘查工作不落实，给安全生产工作埋下隐患。二是违反操作规程赶工期、赶进度施工，安全保障措施落实不到位。三是违规违章组织施工，酿成严重后果。四是现场管理不严格，导致隐患排查不到位。五是安全培训不合格，导致职工安全防范意识淡薄。六是建设项目安全管理不规范，导致安全漏洞多。

3. 某矿区八工区冒顶片帮死亡事故

某年 4 月 13 日 17 时 45 分，某矿区八工区岩工李某（男，37 岁）在 1350 中段进行爆破准备时，因顶板充填体冒落，将其左腿砸伤，最后因失血过多而死亡。主要原因是顶板下底梁不按规范吊挂在竖筋上，网度也没按 1 000 毫米 ×1 000 毫米标准制作，而且吊挂连接不牢固，检查验收不认真，把关不严，从而导致了顶板充填体突然大面积冒落。

事故教训

该起事故是因为不按设计规范进行施工，导致充填体质量不合格，留下了安全隐患。这起事故也得出了以下事故教训：一是要加强管理，从严要求，严格执行相关规范和有关充填的规定。二是要在作业人员中树立标准化作业意识，强化标准化作业。三是要做好对作业人员的安全生产知识和现场事故急救知识的教育培训工作，确保发生意外时作业人员能及时采取正确措施施救。四是要加强对作业人员的危险源辨识教育培训工作，切实提高作业人员危险源辨识能力和自救逃生能力。五是要加强顶板、两帮及掌子面的管理，严格按照相关规定认真检查和进行安全确认，保证作业人员的安全。

4. 某煤矿“7·29”煤与瓦斯突出事故

某年 7 月 29 日 7 时 45 分，某煤矿副井井底水窝揭穿煤层过程中发生一起较大煤与瓦斯突出事故，死亡 8 人，直接经济损失 412.76 万元。经调查认定，施工单位采取的排放钻孔防突措施没有消除井筒周围煤层的突出危险；未按《防治煤与瓦斯突出细则》和施工单位的上级对该煤矿主副井井筒揭二 1 煤层安全技术措施的批示的规定，采取远距离放震动炮揭穿煤层；违章指挥，采用中心驾驶回转抓岩机直接向下开挖煤层，诱发了煤与瓦斯突出。

事故教训

经调查认定，该起事故为因违章指挥、违章作业诱发煤与瓦斯突出，造成重大人员伤亡的责任事故。通过此次事故，应得到以下教训：一是矿井在揭煤过程中要严格执行《防治煤与瓦斯突出细则》和安全技术措施，认真做好每一项具体工作，严防同类事故再次发生。二是建设单位应严格遵守国家的法律法规，完善项目手续，及时为施工单位提供瓦斯监控、抽放系统等有效的安全条件。三是施工单位应严格各项安全技术措施的审批和贯彻制度，明确落实责任人员，把各项安全技术措施落到实处。要严格按照批复的措施执行。四是设计单位应进一步完善该矿的防突设计，明确“四位一体”防突措施。五是要加强防突专业技术的安全教育培训，建立防突专门机构，充实防突专门技术人员，强化安全管理。

5. 某煤矿冲击地压事故

某年 1 月 12 日，某煤矿发生一起较大冲击地压事故，造成 8 人死亡。据分析，事故原因是：该矿 3431B 掘进工作面布置不合理，位于上部煤层放顶煤工作面采空区周边应力集中区影响范围内，对掘进工作面前方煤层合层没有进行超前探测，防治冲击地压措施落实不到位，导致 3431B 掘进工作面所在区域发生冲击地压，造成工作面迎头 50 米范围内煤壁发生位移，巷道严重变形，并伴随大量瓦斯涌出，致使作业人员被埋和窒息死亡。

事故教训

此次的冲击地压事故反映了几方面存在的问题。一是该矿对冲击地压危害认识不足。二是对冲击地压机理掌握不全面，遇到地质条件变化没有及时修改补充防冲措施。三是对煤柱应力集中区冲击地压危害认识不足。四是技术管理还存在差距，生产布局、通风系统的设置均不合理。五是瓦斯预抽工作不到位。六是欠缺防冲预测预报。